中国地震局公共服务司
中国地震局发展研究中心 组编

防灾减灾科普系列

地震十二讲

陈运泰 著

地震出版社

目录

1 地震

　　我们脚下的大地并不是平静的。有时，地面会突然自动地振动起来，振动持续一会后便渐渐地平静下来，这就是**地震**。地震引起的地面振动称为**地震动**。如果地震动很强烈，便会造成房倒屋塌、山崩地裂，给人类生命和财产带来巨大的危害。

　　很多地震，在相当广阔的区域内可同时感觉到，但最强烈的地震动只限于某一较小的范围内，并且离这个范围越远，地震动变得越弱，以致在很远的地方就感觉不到了。这是因为在地震动最强烈处的地下，发生了急剧的变动，由它产生的地震动以波动形式向四面八方传播开来而震撼大地，这种波动称为**地震波**。所以地震即**大地震动**，是能量从地球内部某一有限区域内突然释放出来而引起的急剧变动，以及由此而产生的地震波现象。

2 地震的直接影响

　　地震的直接影响主要指与**地震成因**直接有关的**宏观现象**，如**地震成因断层**（又称**发震断层**）的断裂错动（图1）、区域性的翘曲、大块地面的倾斜、升降或变形（图2~图4）、悬崖、地面裂缝、海岸升降、海岸线改变以及火山喷发等对地形的影响。

　　构造地震是地层内大块岩体的断裂和错动所造成的，因此断层的形成和活动是构造地震最主要的原生现象。识别断层的方法有：根据各种地质构造或地貌的形态；对比岩层岩相；

图1 发震断层出露到地表面

1957年12月4日蒙古国戈壁阿尔泰地震（矩震级M_w8.1，面波震级M_s8.0，震中位置：45.2ºN，99.2ºE）中，作为地震震源的地下大块岩体的断裂错动（发震断层）出露到地表面

图2 发震断层穿过水坝

1999年9月21日中国台湾集集地震（M_w7.6，M_s7.7）的发震断层穿过台中县的石冈水坝，水坝隆升错断，北部（图左）隆升约2.1米，南部（图右）隆升约9.8米，南、北落差约7.7米

图3 发震断层将水坝震裂

1999年9月21日中国台湾集集地震（M_w7.6，M_s7.7）的发震断层穿过台中县的石冈水坝，将水坝震裂，水库蓄水一夜间全部流光，水库见底

图4 发震断层穿过操场将跑道拱起

1999年9月21日中国台湾集集地震（M_w7.6，M_s7.7）的发震断层穿过南县雾峰乡光复国中与光复国小共用的操场，将操场的跑道拱起，造成了地面大规模的扭曲，跑道的一边相对于另一边拱起约1.7米高

遥感（航空摄影等），识别断层湖；对比植物生长情况，等等。

在**地震学**中，采用与地质学相同的术语，通常将断层分为**正断层**、**逆断层**、**冲断层**、**走滑断层**等（图5）。正断层，指上盘沿断层面倾斜方向、相对于**下盘**向下滑动的**倾滑断层**。逆断层，指上盘沿断层面倾斜方向、相对于下盘向上滑动的倾滑断层。**冲断层**即倾角小于等于45°的逆断层。走滑断层系指断层面的两盘沿水平方向相对滑动的断层。走滑断层又可分为**左旋走滑断层**与**右旋走滑断层**。左旋走滑断层，指人站在断层的一盘观看另一盘的运动向左（或者说，反时针方向）的走滑断层；右旋走滑断层则反之。

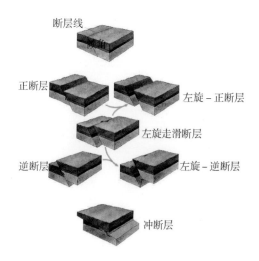

图5 地震断层分为正断层、逆断层、
冲断层、走滑断层等

实际的地震断层（图6）很少像教科书上所画的（图5）那样整齐。和地震成因有关的断层常常很长，而且在很大距离上有相当一致的走向。

（a）　　　　　　　　　　（b）

（c）　　　　　　　　　　（d）

图6　实际的地震断层

（a）1954年12月16日美国内华达州狄克谢谷—好景峰（Dixie Valley- Fairview Peaks）正断层；（b）逆断层；（c）1999年9月21日中国台湾集集地震（M_w7.6，M_s7.7）冲断层；（d）2001年11月14日中国昆仑山口西地震（M_w7.8，M_s 8.1）左旋走滑断层

3 地震的间接影响

地震的间接影响主要指由于地震产生的弹性波传播时在地面上引起的震动而造成的一切后果，如山崩、地滑、建筑物的破坏毁坏、湖水激荡、滞后性滑坡、泥石流、砂土液化、地面沉陷、地下水位变化、火灾、人的感觉等，以及由于地震造成的社会秩序混乱、生产停滞、家庭破坏、生活困苦等造成的对人们心理创伤等影响。

地震的间接影响按照其持续特性可以分为**持久性**（以前称为**永久性**）**间接影响**与**暂态性间接影响**两类。

持久性间接影响包括：山崩、地滑、滑坡（滑塌、流动、崩落、倾倒），砂丘、柱子或管道抬升等；对建筑物、烟囱、窗户、墙壁灰泥的毁坏；未固定的物件位移、旋转、翻倒、掉落、沿水平或垂直方向抛出、湖水激荡，人的感觉、时钟停摆

图7 在1999 年9 月21 日中国台湾集集地震
（M_W7.6, M_S7.7）中台中县太平市虎头山崩滑

4

或变速、冰川受影响、水中的鱼死亡、缆线断裂等。一般在极震区以外所观察的现象大都属于这一类。

图8　2008年5月12日中国四川汶川地震
（M_W7.8，M_S8.0）造成的滑坡
北川王家岩滑坡掩埋了半个镇子，致使上千人遇难

图9　1995年1月17日日本阪神地震（M_W6.9，M_S6.8）
致使铁轨严重扭曲

海啸也是地震的一种间接影响。海啸又称为**津浪**。海啸在海湾的狭口处由于速度降低常形成高达数十米的波峰，以至冲击上岸造成巨大的危害。

（a）   （b）

图10　地震引发海啸

（a）海湾平日，风平浪静；（b）海啸袭来，巨浪滔天

2011 年 3 月 11 日日本东北M_W9.2 地震引发的特大海啸。极具破坏性的海浪在震后 15 ~ 20 分钟就到达最近的海岸，浪高（海啸高度）超过 7 米，有的地方达到 30 米，在部分海岸地区海水向内陆入侵了大约 5 千米，造成了毁灭性的破坏。

暂态性的间接影响，如地面上肉眼可见的波动（称为**可见波**）、感觉得到的摇动、门窗的框架吱吱嘎嘎作响、桥梁和高层建筑摇动、倾斜、未固定的物件强烈摇动、发出格格声，以及恶心、惊吓、恐怖、动物（例如鸟）惊吓、树摇动、静止和行驶中的汽车受到扰动、地声、地光、地震云、闪光，等等。

可见波是**可见地震波**的简称，系目击者报告称在大地震震中区看到的长周期的缓慢地面波动。

地震声，又称**地声**、**地鸣**，系地震发生时传入空气中的一小部分地震波能量转换成人能听得见的气压波能量而形成的声音。

地震云系与地震的发生可能有关联的特殊云层现象。

地光系地（震）光现象的简称，是与地震的发生可能有关联的、可能是由于地震过程中应力的积累和释放引起的震前或震时以及在地震序列期间人们用肉眼观察到的天空的异常发光现象。这些现象可能是由于地壳中局部的高应力水平引起的，高应力水平随后以不发生灾难性的岩石破裂而释放，也可能通过发生地震而释放，但因地震太远或太迟发生，与观测到的地（震）光联系不上。

目前，地震学家对地震光、地震云等现象及其物理机制以及与其相关的电磁现象尚无共识。

地震对建筑物的影响

地震对建筑物以及各种基础设施（如桥梁、管线、铁道、水坝、发电站、道路、沟渠等）的影响是**工程地震学**的主要课题。图 11 是 1906 年 4 月 18 日美国旧金山地震（$M_W7.9$，$M_S8.3$）造成建筑物倒塌的情况；图 12 是 1976 年 7 月 28 日中国河北唐山地震（$M_W7.6$，$M_S7.8$）造成建筑物倒塌的情况。在唐山地震中，唐山市 97％以上的建筑物倒塌。图 13 是 1988年 12 月 7 日亚美尼亚 $M_W6.9$ 地震在基洛瓦坎（Kirovakan）西南约 10 千米的阿利瓦尔（Alivar）石块承重墙建筑部分倒塌的情况。1964 年 3 月 28 日（当地时间）美国阿拉斯加 $M_W9.2$ 地

图11 1906 年 4 月 18 日美国旧金山地震（$M_W7.9$，$M_S8.3$）造成建筑物倒塌

图12　1976 年7 月28 日中国河北唐山（M_W7.6，M_S7.8）地震
唐山市97% 以上的建筑物在地震中倒塌

图13　1988 年12 月7 日
亚美尼亚6.9级地震

在基洛瓦坎（Kirovakan）西南约10千米的阿利瓦尔（Alivar）石块承重墙建筑部分倒塌的情况。石块承重墙建筑在亚美尼亚的城镇中十分普遍，这种类型的建筑由于侧向（水平方向）没有连接物与桁条将整个建筑连为一体，极不抗震

震在特纳根高地（Turnagain Heights）引发山体大滑坡，摧毁了许多房屋。图为安克雷奇（Anchorage）刚建成尚未住人的6 层"四季公寓"完全倒塌的情况（图14）。

图14　1964 年3 月28 日
美国阿拉斯加M_W9.2
地震

地震在特纳根高地（Turnagain Heights）引发山体大滑坡，摧毁了许多房屋。图为安克雷奇（Anchorage）6层的"四季公寓"完全倒塌的情景。所幸楼房是新建成的，尚未住人

　　地震对建筑物及基础设施的影响与许多因素有关，首先，

与建筑物以及基础设施的类型和结构有关，例如对于土房与木房，其影响就各异，一般说来，房屋建筑在垂直方向耐震性较强，而水平方向较弱，因而房屋的毁坏往往是水平力作用的结果；其次，与建筑物以及基础设施的地基和所在的环境有关，例如在疏松的土上和在坚固岩石上的建筑物，受地震的影响显然不同；在平地抑或是在山坡，建筑物的稳定性也是有差别的。

地震还会引起**砂土液化**，使得房屋或建筑物的地基失效。图 15 是 1964 年 6 月 16 日在日本新潟（xì）发生的 $M_W7.6$ 地震致使砂土液化、地基失效、大楼歪斜倒下的情况。

图15　1964年6月16日日本新潟M_W7.6地震
地震致使砂土液化、地基失效、楼房歪斜倒下

地震灾害

地震是一种会给人类造成巨大的人员伤亡和财产损失的自然现象。我国是一个多地震的国家，也是一个多地震灾害的国家。1976 年 7 月 28 日在我国河北唐山地区发生了 $M_W7.6$（$M_S7.8$）地震，造成 24.3 万余人死亡，唐山市 97% 以上的建筑倒塌，几乎夷为平地（图 12，图 16），60% 的人员死亡是抗震能力差的砖石结构房屋倒塌造成的，全市交通、通信、供水、供电中断，直接经济损失高达人民币 100 多亿元。

1920 年 12 月 16 日在甘肃海原（今宁夏海原）发生了 $M_W8.3$（$M_S8.5$）地震，这次地震造成了 23.6 万余人死亡，震惊朝野。1966 年 3 月 8 日，在我国河北省邢台地区隆尧县发生了 $M_S6.8$ 地震。接着，在 3 月 8 日隆尧 $M_S6.8$ 地震震中

图16 1976 年 7 月28 日中国河北唐山M_W7.6（M_S7.8）地震

地震中唐山市97% 以上的建筑倒塌，约 60% 的人员死亡是抗震能力差的砖石结构房屋倒塌造成的

稍北的宁晋县境内于 3 月 22 日又发生了 M_S7.2 地震；3 月 26 日在宁晋县的百尺口一带再次发生 M_S6.2 地震。邢台地震是 1949 年新中国成立后第一次发生在我国人口稠密地区的地震。地震造成 8064 人的死亡、38451 人受伤，倒塌房屋 508 万余间，受灾面积达 23000 平方千米，经济损失达 10 亿元。图 17 是河北邢台地震造成的公路桥梁破坏的情况。

地震不但会造成人员伤亡和财产损失，而且会引发火灾，进一步加剧人员伤亡和财产损失。地震引发火灾加重灾情的例子屡见不鲜。例如 1906 年 4 月 18 日美国旧金山地震（M_W7.9，M_S8.3，图 18），在旧金山地区 60 多处引发了大火，造成巨大的经济损失，是地震引发火灾加重灾情的典型例子。

1995 年 1 月 17 日，在日本大阪—神户地区发生地震（M_W6.9，M_S6.8）。阪神地震在大阪—神户地区造成巨大的人员伤亡和财产损失，地震还造成煤气管和自来水管爆裂，并在多处引发火灾，加重了人员伤亡和财产损失（图 19,图 20）。地震致使大阪—神户地区断电停水断煤气，约 4 万户住宅断水、5.2 万户断电、3.5 万户断煤气。地震还造成电信中断，

图17 1966年3月22日
中国河北邢台M_W7.4（M_S7.2）
地震将桥梁震垮
宁晋县耿庄桥北滏阳河上的后辛庄
桥被震断坠毁

图18 1906年4月18日美国旧金山M_W7.9（M_S8.3）地震
地震引发火灾加重震情

图19 1995年1月17日
日本阪神地震（M_W6.9,
M_S6.8）
地震造成6432人死亡，经济
损失估计高达1000亿~2000
亿美元，此为地震造成高速
公路桥倾倒破坏的情况

使通信网络出现严重阻塞。累计经济损失高达60多亿美元
（有的研究者估计为300亿美元，甚而高达1000亿~2000亿美
元）。图21显示1989年10月18日协调世界时（UTC）（当地
时间10月17日）美国洛马普列塔地震（M_W6.9，M_S7.1）引发
火灾的情况。

图20　1995年1月17日日本阪神M_W6.9（M_S6.8）地震引发火灾

图21　1989年10月17日（当地时间）美国洛马普列塔M_W6.9（M_S7.1）地震引发火灾

 # 地震的特点——猝不及防的突发性与巨大的破坏力

　　作为一种自然现象，地震最引人注目的特点是它的猝不及防的突发性与巨大的破坏力。

　　1835年3月5日，伟大的博物学家、进化论的创始人查尔斯·罗伯特·达尔文（Charles Robert Darwin，1809—1882，图22(a)）在他乘坐贝格尔号（又称小猎犬号，图22(b)）轮船进行著名的环球旅行中，途经智利康塞普西翁，经历了半个月前（1835年2月20日）发生的智利康塞普西翁—瓦尔帕莱索

（a）　　　　　　　　　　（b）

图22　达尔文（a）和他进行著名的环球旅行时所乘坐的贝格尔号轮船（b）

图23　1835 年2 月20 日智利康塞普西翁—瓦尔帕莱索M8.1 地震震中图

作为参考，图中还显示了2010 年2 月27 日智利马乌莱（Maule）比奥—比奥（Bio-Bio）M_w8.8 地震（图24）的震中位置

M8.1 地震的多次**余震**（图 23）。

达尔文也是现在称为**地震地质学**的先驱者之一。康塞普西翁—瓦尔帕莱索大地震破坏的景象给予达尔文强烈的震撼。达尔文写道："通常在几百年才能完成的变迁，在这里只用了一分钟。这样巨大场面所引起的惊愕情绪，似乎还甚于对于受灾居民的同情心……"

图24　2010年2月27日智利马乌莱比奥—比奥M_w8.8地震

地震造成了数百人死亡。图为地震造成建筑物倒塌情况

地震的一些特征

　　地面是不平静的，总在发生着微小的震动，称为**脉动**。脉动的周期由百分之几秒到几十秒。产生脉动的原因很多，有自然的原因，如天气或气压的变化，海浪对海岸的冲击等；也有人为的原因，如交通运输或工业振动等。地震是在这样的脉动背景上发生的。地震大小相差悬殊，可小到人们不能感觉，也可大到震撼山岳。天然地震所释放的震动能量可相差十几个数量级。震动的频率范围也很宽。大地震低频成分的周期可达一小时，小地震的高频成分与脉动很难区别。但一般来说，地震的频率主要是在几十赫兹（Hz）至几十分之一赫兹的范围。振幅可小于光波的波长。地震的频谱组成和地震的大小有关：地震越大，低频成分越多。

　　大地震有时仿佛是突如其来的，造成严重的灾难。唐山大地震就是一例。但有些大地震是有**前震**或其他**前兆**的。中等强度以上的地震之后多数有余震。一般认为这是因为一大块地层在地震时发生断错，由一种平衡状态转到另一种平衡状态时，必然要经过一个调整阶段。余震就是这种调整的结果，不过这个调整过程的具体物理机制现在还没有弄清楚。

　　地下发生地震时最先发生破裂的点称为**震源**，震源在地面上的投影称为**震中**（图 25）。震源其实不是一个点，而是一个区域，所以震中也不是一个点而是一个区域，称为**震中区**。地面上震动最厉害的地方称为**极震区**。极震区常常就是震中区，但因为地面震动的程度除了与震源的特性有关以外，还与地面的土质条件有关，极震区也可能不在震中区，或不单是在震中区。地震大多数发生在 0 ~ 70 千米的深度，叫作**浅源地震**，简称**浅震**。浅源地震的深度界限并不严格，也有称震源深度 0 ~ 60 千米或 0 ~ 80 千米的地震为浅源地震的。浅震可以浅到几千米深。地震也可以发生在深度 70 千米以下，直到 700 千米的深度。发生在 70 千米至 300 千米（一说 350 千米）深度范围内的地震称为**中源地震**，发生在 300 千米至 700 千米（一说 680 千米）深度范围内的地震称为**深源地震**，简称**深震**。破坏性最大的一般是浅震。

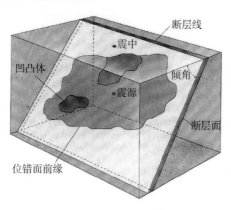

图25　地震参量

描述地震特征的各种**地震参量**：地震**断层面**，**断层线**，断层面**倾角**，震源，震中及断层面上的**凹凸体**等。断层面上的凹凸体是震前应力较高、从而在震时释放的应力（**应力降**）较大的区域

 全球地震活动性

地震在全球的分布是不均匀的，但也不是随机的，有的地方地震多，有的地方地震少，但从长时期看，地震活动程度各地大有差别，地震多的地区称为**地震区**。地震区的震中常呈带状分布，所以也称为**地震带**。地震区（带）的划分现在还没有公认的定量标准，所以它们的边界多少带有任意性。

图 26 是经过**国际地震中心**（International Seismological Centre，缩写为 ISC）重新定位的 1964—2014 年全球地震活动性图。图中，经过重新定位的地震按照震源深度（h）着色：红色表示浅源地震（$h < 70$ 千米）；黄色表示中源地震（70 千米 $\leq h < 350$ 千米）；蓝色表示深源地震（$h \geq 350$ 千米）。

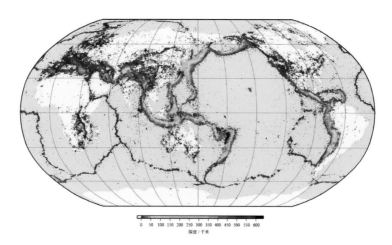

图26　全球地震活动性图（1964—2014 年）

全球性的地震带有三条：**环太平洋地震带和欧亚地震带**（又称**阿尔卑斯地震带**）是众所熟知的。后来又发现沿各**大洋中脊**（又称**海岭**）也有密集的地震活动，但最强的洋中脊地震不超过 7 级。这条地震带称为**大洋中脊地震带**，又称**海岭地震带**，它在大洋里绵亘 8 万千米以上，是地球上最长的一条破裂带。在全球地震震中分布图上，这三个条带是非常触目的。它们与地震的成因显然有关系。

地震在时间上的分布也是不均匀的。通常用**地震频次**（又称**地震频度**、**地震频率**）表示地震的分布。地震频次是单位时间内某一地区、某一震级范围内的地震数。根据对全球地震频次—震级的最新统计（表1），在1900—1999年的近百年间，全球的地震频次（年均地震数）是（表1第 3 列）：震级 $M \geq 8.0$ 的地震 0.7 个（或者说，平均约 3 年 2 个），$7.5 \leq M < 8.0$ 的地震 3 个，$7.0 \leq M < 7.5$

表 1　1900—1999 年全球地震频次—震级分布统计

地震频次			累计地震频次	
$\leq M <$		地震数 / 年	$M \geq$	累计地震数 / 年
5.5	6.0	164	5.5	264
6.0	6.5	62	6.0	100
6.5	7.0	22	6.5	38
7.0	7.5	12	7.0	16
7.5	8.0	3	7.5	4
8.0		0.7	8.0	0.7

的地震 12 个，$6.5 \leq M < 7.0$ 的地震 22 个，$6.0 \leq M < 6.5$ 的地震 62 个，$5.5 \leq M < 6.0$ 的地震 164 个，等等。全球的

累计地震频次（年均累计地震数）是（表 1 第 5 列）：震级
$M \geqslant 8.0$ 的地震 0.7 个（或者说，平均约 3 年 2 个），$M \geqslant 7.5$
的地震 4 个，$M \geqslant 7.0$ 的地震 16 个，$M \geqslant 6.5$ 的地震 38 个，
$M \geqslant 6.0$ 的地震 100 个，$M \geqslant 5.5$ 的地震 264 个，等等。需
要特别说明的是，在表 1 中，震级 $M < 6.5$ 的地震数是根据
1964—1999 年的资料计算得出的，因为 1964 年后，由于**世
界标准地震台网**（World Wide Standard Seismograph Network,
缩写为 WWSSN）的建立，全球震级 $5.5 \leqslant M < 6.5$ 的地震才
得到较好的控制。

　　全球每年发生的地震数颇有起伏（图27）。若按时间间隔
为 1 年计算（图27(a)）每年发生的地震数起伏较大。尤其是起

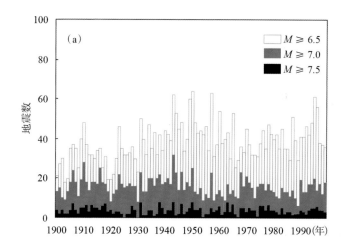

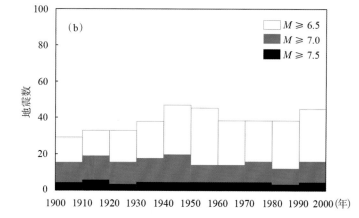

图27　全球每年地震数

（a）1 年时间间隔的年均地震数；（b）10 年时间间隔的年均地震数

算震级越小，起伏越大。图 27（a）、（b）按照起算震级依次为 $M \geqslant 6.5$，$M \geqslant 7.0$，$M \geqslant 7.5$，颜色依次由白色变为蓝色、深蓝色，起伏由最大变为较大、最小。但是，若按 10 年时间间隔计算的年均地震数，起伏便比按时间间隔为 1 年计算的平均每年的地震数小（图 27（b））。这说明，在论及某个地区或**全球地震活动性**强弱时，应当明确所涉及的时间间隔的长短，以及所论及的地震震级的大小。时间间隔越短、震级越小，起伏越大；反之，起伏越小。

图 28（a）与图 28（b）分别表示**历史地震活动性**（1900—1963）与**现今地震活动性**（1964—1999）的地震频次与震级

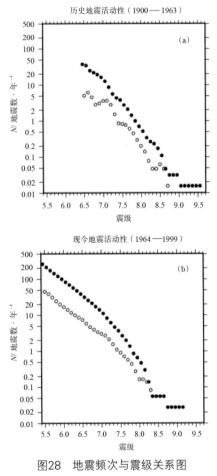

图28　地震频次与震级关系图

（a）历史（1900—1963）地震频次与震级关系图；（b）现今（1964—1999）地震频次与震级关系图

空心圆圈表示震级 $M \pm \delta M/2$ 年地震频次（年地震数）的对数，实心圆圈表示震级大于、等于 M 的年累计地震频次（年累计地震数）的对数。震级区间 δM 取 0.1 级

关系图。其中，空心圆圈是震级 $M \pm \delta M/2$ 的年地震频次（每年的地震次数）的对数，δM 为震级区间，实心圆圈是震级大于、等于 M 的年地震频次（称为累计地震频次）的对数。这里，震级区间 δM 取 0.1 级。

除了全球每年释放的**地震波能量（地震辐射能）**有起伏外，各个地区的地震活动性随时间的变化也很大。在有些地区，较大地震会在原地点附近重复发生，但时间间隔并不均匀。地震活动具有间歇性，但并无固定的周期。许多大地震都伴随着地面上可见的断层，其中有的是新产生的断层，有的是旧断层复活。断层若发生在覆盖层，也可能是地震震动的结果；但若发生在基岩，这就与地震的成因有联系，所以通常称为地震成因断层。也有些地震并不伴随着地震断裂。根据断层成因假设，常被解释为断层没有达到地面，是**盲断层**（blind fault）。不过，这种说法是不严格的。有无不伴随断层的地震？实尚可存疑！

一次 M_S=8.0 地震的辐射能约为 6.3×10^{16} 焦耳（J）。在**核爆炸地震学**中，通常用产生相等的能量释放的**三硝基甲苯（TNT）炸药**（俗称黄色炸药）的重量千吨（kt）或百万吨（Mt）为单位表示核爆炸所释放的能量，称为**当量**。一次 1 千吨（1kt）TNT 炸药爆炸所释放的能量为 4.2×10^{12} 焦耳，或者说，一次当量为 1 百万吨（1Mt）的核爆炸所释放的能量为 4.2×10^{15} 焦耳。作为比较，一次当量为 5 百万吨的核爆炸〔如 1971 年阿拉斯加（Alaska）阿姆契特加（Amchitka）的核爆炸〕所释放的能量为 2.1×10^{16} 焦耳，相当于一次面波震级 M_S7.7 地震。1906 年旧金山大地震的辐射能约为 3×10^{16} 焦耳，这个能量相当于一次当量为 7.1 百万吨的核爆炸所释放的能量。远远大于 1945 年投掷在广岛的原子弹（当量为 0.012 百万吨即 12 千吨）的地震辐射能。迄今记录到的最大地震是 1960 年智利大地震（矩震级 M_w9.6，过去认为是 M_w9.5），其地震辐射能约为 1×10^9 焦耳，相当于一次当量为 2400 百万吨的核爆炸。这个数字比迄今为止全世界做过的所有核爆炸所释放能量的总和（其中最大的一次达到大约 58 百万吨）也大得多。大约90%的地震辐射能是由$M_S \geqslant 7.0$大地震释放出来的。全球在一年内发生的地震的辐射能为$1 \times 10^{18} \sim 1 \times 10^{19}$焦耳。近年来，人类所消耗的能量增长很快，人类在一年内所消耗的能量的最新估计值约为3×10^{20}焦耳。作为比较，我们看到，这个数值已经超过了全球在一年内发生的地震辐射能的总和。

地震辐射能的对数与震级成正比。震级增加1级，地震辐射能增加约32倍；震级增加2级，地震辐射能增加约1000倍。但是，如图28所示，地震的频次则随震级的增大而减小，其对数与震级呈斜率为负（接近于-1）的线性关系。这就是说，地震主要是通过大地震释放能量的。一次8.5级大地震所释放的能量相当于一年内所有震级比它小的其他地震释放的能量的总和。从图29便可很清楚地、直观地看清这点。图29将地震与其他现象释放的能量做了对比，图左面的纵坐标表示震级，以矩震级M_W为标度，图右面的纵坐标以对数尺度表示释放的能量，以1千克TNT炸药释放的能量为单位。

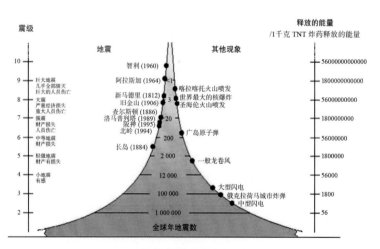

图29　地震与其他现象释放的能量对比

图左面的纵坐标表示震级，以矩震级M_W为标度；图右面的纵坐标以对数尺度表示释放的能量，以1千克TNT炸药释放的能量为单位

9 中国地震活动性

与全球地震活动不同，我国大陆大部分地区（即除了台湾地区及青藏高原以外地区），都不在全球两大地震带——环太平洋地震带与欧亚地震带上，既不在环太平洋地震带上，也不在欧亚地震带上，更不在它们的交汇处（欧亚地震带与环太平洋地震带在南亚、东南亚缅甸弧，巽他岛弧以东相连接或交汇）。环太平洋地震带位于我国大陆东面，其西支经我国台湾岛，欧亚地震带位于我国南面，经我国青藏高原南部直到南亚、东南亚缅甸弧，巽他岛弧，与环太平洋地震带相连接。除了台湾地区及青藏高原的地震外，我国的地震主要属**板内地震**。受太平洋板块、印度板块和菲律宾板块作用的影响，我国大陆华北、西北、西南以及东南沿海等地区地震断裂带十分发育，地震活动比较活跃。我国大陆地震的地震活动具有弥散性的特点，但破坏性的地震大都聚集在一定的狭窄地带（图30）。在这些地带内大小地震发生的时间、强度和空间分布都有一些共性，并与地质构造有些关系，特别是强烈地震活动与板块内部的构造带有关。在我国，除了构造地震外，还有**诱发地震（触发地震）**和**矿山地震**。

我国的地震活动具有频次高、分布广、强度大、震源浅、地震活动时空分布不均匀等特点。

图30与图31分别是公元前780年—公元2010年12月我国震级$M \geq 6.0$地震震中分布图与2016年1月1日—2018年12月31日我国$M \geq 2.0$地震震中分布图，它们清楚地显示出我国是一个多地震和多强烈地震的国家，具有频次高与分布广的特点。自公元前1831年起我国有地震的历史记载或记录以来，至今共记到$M \geq 6.0$地震800多次，是地震活动频次相当高的国家。自20世纪有仪器记录以来，我国平均每年发生$M \geq 6.0$地

震6次，其中$M \geqslant 7.0$地震1次，$M \geqslant 8.0$地震平均10年左右1次。我国大陆地区，平均每年发生$M \geqslant 5.0$地震19次、$M \geqslant 6.0$地震4次，$M \geqslant 7.0$地震每3年发生2次。

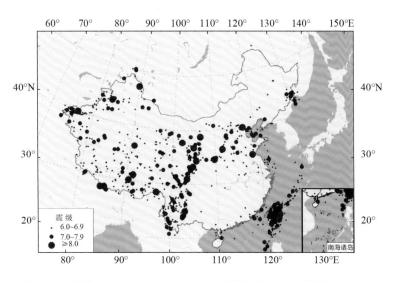

图30　公元前780年—公元2010年12月我国震级$M \geqslant 6.0$地震震中分布

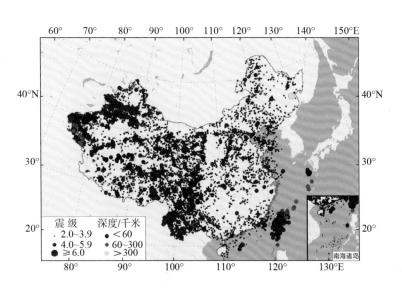

图31　2016年1月1日—2018年12月31日我国震级$M \geqslant 2.0$地震震中分布

　　我国的地震活动具有分布广的特点，6级以上地震遍布于除浙江、贵州和香港、澳门特别行政区以外的所有省（自治区、直辖市），其中18个省（自治区、直辖市）均发生过

$M \geqslant 7.0$ 地震，约占全国省（自治区、直辖市）$M \geqslant 7.0$ 地震的 60%。即使是浙江、贵州两省，历史上也都发生过 $M \geqslant 6.0$ 地震。

我国大陆地区的地震活动主要分布在青藏高原、新疆及华北地区，而东北、华东、华南等地区分布较少。台湾地区是我国地震活动最频繁的地区，1900—1988年全国发生的548次 $M \geqslant 6.0$ 的地震中，台湾地区就有211次，占38.5%。

我国地震在全球地震活动中占有重要地位，地震活动不仅频次高，分布面积广，而且强度亦大。20 世纪以来，全球共发生 17 个 $M_w \geqslant 8.5$ 的特大地震，1950 年 8 月 15 日我国西藏察隅 $M_w 8.6$ 地震便名列其中。

我国地震还具有震源浅的特点。除东北、台湾和新疆的帕米尔地区一带有少数中源地震和深源地震以外，我国绝大部分地区、绝大多数地震属浅源地震，震源深度都在 40 千米以内。尤其是我国大陆东部地区，震源更浅，深度一般在 30 千米之内，西部地区则在 50 ~ 60 千米之内。中源地震则分布在靠近新疆的帕米尔地区（100 ~ 160 千米）和台湾附近（最深达 120 千米）；深源地震很少，只发生在吉林、黑龙江东部的边境地区。

我国大陆的地震活动，在空间分布上具有明显的不均匀性，强震分布具有西多东少的突出特点。我国大陆地区的绝大多数强震主要分布在107ºE 以西的西部广大地区，而东部地区则很少。107ºE 以西的西部地区，由于受印度板块的碰撞影响，地震活动的强度和频次都大于东部地区。表 2 给出 20 世纪以来我国 $M \geqslant 7.0$ 地震的分区统计。从表中可以看到，我国大陆内部的地震活动是不均匀的，各地震区（带）有明显的差别。就我国大陆地区而言，近 90% 的 $M \geqslant 7.0$ 地震发生在西部，西部地区释放的地震能量占我国大陆地区释放的地震能量的 95% 以上。在全国各省（自治区、直辖市）中，地震活动水平最高的是台湾地区，发生 $M \geqslant 7.0$ 的地震数占全国总数的 40% 以上，发生 $M \geqslant 6.0$ 的地震数占全国总数的 53% 以上；

在其他各省（自治区、直辖市）中，发生 $M \geq 6.0$ 的地震数大于 5 次的还有西藏、新疆、云南、四川、青海、河北等，以上 7 个省（自治区）集中了 1949 年以来发生的绝大多数强震，其中 $M \geq 6.0$ 地震数占 90% 以上，$M \geq 7.0$ 地震数占 87% 以上。

表 2　中国分区发生震级 $M \geq 7.0$ 的地震数统计（1900—1980 年）

地区	7.0 ~ 7.4	7.5 ~ 7.9	8.0 ~ 8.5	8.5 ~ 8.9	总和
大陆东部	5	1	0	0	6
大陆西部	22	11	5	2	40
台湾地区	22	3	2	0	27
其他地区	1	1	0	0	2

地震活动空间不均匀性最明显的表现是地震成带分布。按照地震活动性和地质构造特征，可以把我国划分成若干条**地震活动带**。其中，**滇东地震带、安宁河谷地震带……银川地震带又统称南北地震带**，由滇南的元江往北经过西昌、松潘、海原、银川直到内蒙古嗫口；**华北坳陷地震带（河北平原地震带）** 由河南安阳往东北经过邢台、北京直到三河；**汾渭地震带（渭河平原地震带）** 沿着汾河和渭河，是我国文化发达最早、地震历史资料最为丰富的地区。至于其他的地震带，包括众所熟知的**郯城—庐江地震带（简称郯庐地震带）**，其划分范围及名称，各家有不小的分歧。

10　我国地震灾害的特点

我国地震活动频次高、强度大、分布广、震源浅、地震活动时空分布不均匀等特点，使我国成为世界上地震活动性最为强烈的国家之一。我国的陆地面积仅占全球陆地面积的

1/15，即 6% 左右；人口占全球人口的 1/5，即 20% 左右，然而发生于我国陆地的地震竟占全球陆地地震的 1/3 左右，即 33% 左右。

我国也是世界上地震灾害最为严重的国家之一，我国地震灾害的基本特点是：成灾的地震多、灾害重、预报难、设防差、易麻痹。根据统计（表3），公元856—2016年全球因地震造成的人员死亡超过11万人的10次地震中，我国竟占了3次（图32）；在20世纪，全球发生两次导致20万人及以上死亡的强烈地震都发生在我国，一次是1920年12月16日甘肃海原（今宁夏海原）M_w8.3（M_s8.5）地震，造成了大约23.6万人死亡；一次是1976年7月28日河北唐山7.8级地震，造成了大约24.3万人死亡，16.4万重伤。在地震引起的人员伤亡方面，与国际上发达国家的"零伤亡"相比，我国也是处于发展中国家水平。从造成人员死亡来看，地震灾害堪称是群灾之首。

表3　公元 856—2016 年全球因地震造成的
死亡人数超过 11 万人的地震

序号	年.月	位置	构造背景	震级	死亡人数/万人
1	1556.1	中国陕西华县	板块内部	M_s8$\frac{1}{4}$	83
2	2010.1	海地太子港	转换断层	M_w7.0	31.6
3	1976.7	中国河北唐山	板块内部	M_w7.6（M_s7.8）	24.3
4	138.8	叙利亚阿勒颇	碰撞/转换边界		23
5	2004.12	印尼苏门答腊—安达曼	孕震区	M_w9.2	22.8
6	856.12	希腊科林斯	板内/碰撞边界		20
7	1920.12	中国甘肃海原（今宁夏海原）	板块内部	M_w8.3	23.6
8	893.3	伊朗阿尔达比勒	板内/碰撞边界		18
9	1923.9	日本关东	孕震区	M_w7.9（M_s8.2）	14.3
10	1948.5	土库曼斯坦阿什哈巴德	板内/碰撞边界	M_w7.3	11

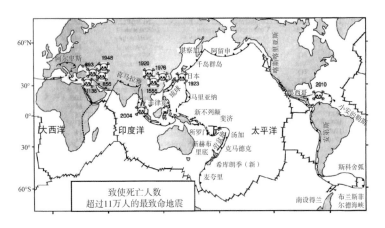

图32　公元856—2016年全球因地震造成的
死亡人数超过11万人的地震震中位置

　　我国地震灾害的上述基本特征为地震工作布局和确定监
测预报及预防工作的重点地区提供了重要的事实依据。

11 大中城市、特大城市的防震减灾

　　图33统计了从1900—2011年全球因地震导致的死亡人
数。横坐标是时间（年），纵坐标是因地震死亡人数（单位
是百万人）。由图可见，从1900—1940年的40年间因地震
造成的死亡人数为100万人，平均1年因地震死亡2.5万人；
1940—1999年的60年间因地震死亡人数80万，平均一年因地
震死亡1.3万人；不仅如此，1940—1999年的60年中大多数时
间里因地震死亡的人数的统计曲线的斜率是低于每年1.3万人
的，但是突然在1976年，主要是因为中国唐山大地震死亡
24.3万人，使得统计曲线的斜率突然增大。所以可以看出，
20世纪后60年间平均的年地震死亡人数虽然也很高，但这主
要是因为特别大的灾害性地震引起的。由此可见，在预防地

震造成的人员死亡方面，灾害性大地震引起的人员死亡是个很重要的因素，要特别关注特别大的地震；当然，这不意味着放弃对较小地震引起的相对小的伤亡的关注。如果关注更长时间的统计，可以看到在整个 20 世纪，因地震死亡人数是 180 万人，年均是 1.8 万人。进入新世纪以来，地震灾害不断，似乎还有愈演愈烈之势。2001 年印度古杰拉特（Gujarat）$M_\mathrm{W}7.6$ 地震造成了 3.5 万人死亡、6.7 万人受伤、60 万人无家可归和约 100 多亿美元的经济损失。2003 年 12 月 26 日伊朗巴姆（Bam）地震只有 $M_\mathrm{W}6.6$（$M_\mathrm{S}6.8$），还够不上称之为大地震，却造成了 4.1 万人死亡，使具有千年历史的巴姆古城毁于一旦。2004 年 12 月 26 日发生的印尼苏门达腊—安达曼（Sumatra-Andaman）$M_\mathrm{W}9.2$ 特大地震及其引发的印度洋特大海啸更使约 22.8 万人丧失生命［特别需要指出的是，即使在现代，地震引起的伤亡人数统计也不是一件容易做的事。死亡与失踪人数最

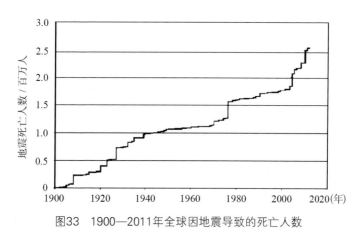

图33　1900—2011年全球因地震导致的死亡人数

初（2005 年元月）估计为 28.6 万人，后来（2005 年 4 月），主要是印尼政府降低失踪人数 5 万余人，现在确认为 22.8 万余人］，令全世界为之震惊！2005 年 10 月 8 日巴基斯坦 $M_\mathrm{W}7.6$ 地震，造成 8.6 万人死亡，1 万余人受伤、9 千余人失踪，数百万人无家可归。此外，还包括海地地震、汶川地震以及 2011 年日本东北部地震等。

　　进入 21 世纪以来，短短的 12 年里就因地震死亡 72 万人，因地震死亡年均达 6 万多人，与上世纪的年均因地震死亡 1.8 万人

差别很大（表4），这是个非常触目惊心的数字!

表4　地震造成的死亡人数统计

时间	总数	年均
1900—1999（100年间）	约180万人	约1.8万人/年
2000—2011（12年间）	约72万人	约6万人/年

随着经济建设与社会的快速发展，人口与财富的集中，**特大城市**（megacity）数量的迅速增加，规模不断增大，给预防和减轻地震灾害带来新的问题。图34（a）显示公元1000—1994年近10个世纪以来地震死亡人数超过1万人的地震绝大多数发生在环太平洋地震带、欧亚地震带，以及板块内部的中国大陆地区；图34（b）则显示，到了2000年，全球已有多达28个城市人口大于800万的特大城市，以及325个城市人口达100万~700万的大城市。这些城市大多数位于环太平洋地震带、欧亚地震带，以及板块内部的中国大陆地区。这些情况表明，在经济建设的同时应不忘防震减灾，特别是大中城市、特大城市的防震减灾。大中城市、特大城市的防震减灾更是防震减灾工作的重中之重。

从更广泛的意义上说，要预防和减轻地震灾害，还是要依靠科学技术；要学会与"与灾（害风险）相处"。要认识到人类生活在不断运动变化而且是很活跃的、生机勃勃的地球上。地球是人类共同的家园，它不但提供人类赖以生存的资源、能源和环境，也会不时地兴风作浪、给人类带来灾害。面对自然灾害，我们要努力地去研究它，认识它，寻找避免和减轻灾害的办法，也就是说我们要学会"与灾（害风险）相处"。要预防和减轻地震灾害，要确立以人为本，以科学发展观为指导。正如联合国前秘书长柯菲·安南（Kofi Annan，1938—2018）所说的"预防不但比救助更为经济，而且更为人道"的文化理念。我国地震灾害也是非常严重的，地震灾害对国家的经济建设和社会发展有很大的影响，减轻地震灾害的工作形势是很严峻的，任重道远。

　　先进科学技术的应用固然很重要，但是单靠科学技术的应用是不能达到最大限度减轻自然灾害（包括地震灾害）这个目标的。要达到这个目标，还需要全社会对于自然灾害（包括地震灾害）有清醒认识，要增强全社会防灾减灾的意识。

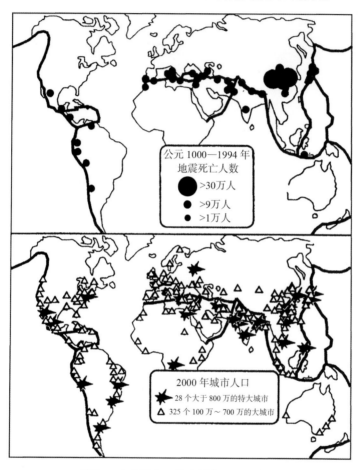

图34　大中城市、特大城市的防震减灾

（a）公元 1000–1994 年地震死亡人数；（b）2000 年全球城市人口统计表明，全球已有多达 28 个城市人口大于 800 万的特大城市，325 个城市人口达 100 万～700 万的大城市

 **从预防与减轻地震灾害到减轻地震灾害风险**

　　地震危险性，简称**地震危险**，指地震引发的可能引起生命伤亡、财产损失、社会与经济影响，或环境退化等可能破坏

的物理事件、现象。就其原因和效应而言，可以是单个事件，也可以是序列事件，或者是组合事件。每一个事件都由其地点、强度、频次和概率表示。

地震灾害，简称**震灾**，指地震造成的自然环境、社会环境等的破坏损害引起的人畜伤亡与社会影响。

地震灾害风险，简称**地震灾险**，指由地震危险性与**易损性**条件相互作用产生的有害后果或生命伤亡、财产损失、社会、经济或环境退化等的概率。

随着对地震（或其他现象）危险性与地震灾害（或其他灾害）风险认识的逐渐深化，人们已经清楚地认识到，在评估地震（或其他现象）引起的潜在危险时应当将地震（或其他现象）发生的危险性与地震灾害（或其他灾害）风险严格地加以区分。地震危险性是地震及其产生的地面运动与其他效应的、固有的、自然发生的现象，而地震灾害风险是地震危险性对于生命与财产的风险。因此，虽然地震危险性是不可避免的地质现象，但地震灾害风险则是受到人类活动或作用的影响的。由于人烟稀少，高地震危险（性）的地区可能是低地震灾害风险的地区；而由于人口稠密与建筑质量低劣，低地震危险（性）的地区倒有可能成为高地震灾害风险的地区。地震灾害风险是可以通过人类的行为予以减轻的、但地震危险（性）不可能通过人类的行为予以减轻，从以往常混用"地震危险性"与"地震灾害风险"这两个术语，到认识到不但要预防与减轻地震灾害，而且要从源头做起，减轻地震灾害风险，充分体现了人类社会对于地震（或其他现象）危险性与地震灾害（或其他灾害）风险认识的逐渐深化。

人类生活在地球这颗充满生机的行星上，地震（还有海啸、洪水、干旱、台风、飓风、冰雹、滑坡、泥石流、野火、火山喷发、全球气候变化……）是地球这颗活动的行星的生动表现。在地球上，地震等现象的发生是不可避免的，但是，地震等各种灾害的风险是可以通过人类的行动或努力予以避免、防范或减轻的。